BEI GRIN MACHT SICH IHR WISSEN BEZAHLT

- Wir veröffentlichen Ihre Hausarbeit, Bachelor- und Masterarbeit

- Ihr eigenes eBook und Buch - weltweit in allen wichtigen Shops

- Verdienen Sie an jedem Verkauf

Jetzt bei www.GRIN.com hochladen und kostenlos publizieren

Dennis Hodel, Andreas Sochacki

Erdatmosphäre – Aufbau und Zusammensetzung

GRIN Verlag

Bibliografische Information der Deutschen Nationalbibliothek:

Die Deutsche Bibliothek verzeichnet diese Publikation in der Deutschen National-
bibliografie; detaillierte bibliografische Daten sind im Internet über http://dnb.d-
nb.de/ abrufbar.

Impressum:

Copyright © 2009 GRIN Verlag GmbH
Druck und Bindung: Books on Demand GmbH, Norderstedt Germany
ISBN: 978-3-640-35494-8

Dieses Buch bei GRIN:

http://www.grin.com/de/e-book/129146/erdatmosphaere-aufbau-und-zusammen-
setzung

Erdatmosphäre – Aufbau und Zusammensetzung

Hausarbeit

vorgelegt von:

Dennis Hodel
Studiengang: Geographie B. A.
Semester: 1

Andreas Sochacki
Studiengang: Geographie B. Sc.
Semester: 1

Abgabedatum: 27.02.2009

Inhalt

1. Einleitung

Die Atmosphäre auf unserem Planeten, wie wir sie heute in ihrem Aufbau und Zusammensetzung kennen, hat eine Jahr Milliarden lange Geschichte hinter sich.

Atmosphären gibt es nicht nur auf der Erde, sondern auch auf Planeten wie der Venus und dem Mars. Die sind die Gashüllen. Die Gase werden bedingt durch die Schwerkraft eines Planeten festgehalten (Häckel, 2008).

Unser Mond zum Beispiel, besitzt keine Atmosphäre. Da seine *Gravitationskraft* zu gering ist, um Gase überhaupt anziehen und festhalten zu können (Mitton & Mitton, 2001).

Auf der Venus existiert eine Atmosphäre, die aber kein Leben möglich macht. Der Grund hierfür liegt in der deutlich stärkeren Sonneneinstrahlung und dem größerem Treibhauseffekt. Die Venus besitzt, im Gegensatz zur Erde, deutlich höhere Temperaturen (Mitton & Mitton, 2001).

Der Mars besitzt ebenfalls eine Atmosphäre, dort ist es wiederum zu kühl um ein lebenswertes Klima möglich zu machen (Mitton & Mitton, 2001).

Die Erde hat einen vitalen Abstand zur Sonne, so dass hier die extremsten gemessenen Temperaturen zwischen - 89,2° C (Wostok, Antarktis) und 57.3°C (Al Aziziyah, Libyen) liegen. Im Mittel ist das Klima lebensfreundlich und somit begünstigend für die Entwicklung von Leben (Mitton & Mitton, 2001).

Bedingt durch die verschiedenen exogenen Einflüsse, wie die Konzentration von interstellaren Gesteinskörpern im Weltraum und der Sonnenaktivität war die Erdatmosphäre ständig Veränderungen ausgesetzt bzw. sie waren der Anstoß für die Veränderung des Aufbaus und der Zusammensetzung der Gashülle auf unserem Planeten (Keppler, 1988).

Im folgendem werden wir uns zunächst mit der Entstehungsgeschichte der Atmosphäre auseinandersetzen. Danach werden wir auf den allgemeinen Aufbau eingehen und uns später mit der Zusammensetzung der vielfältigen Gase und deren Bedeutung für die Umwelt und den Menschen beschäftigen.

2. Die Geschichte der Erdatmosphäre

Die erste Atmosphäre, die sogenannte *Uratmosphäre* bildete sich vor circa 4,6 Milliarden heraus. Nachdem die Erde während der Entstehungsgeschichte unseres Sonnensystems eine gewisse Masse erreichte, entwickelte sich die Erdanziehungskraft, die ein Teil der Gase aus dem Sonnensystem an sich zog (Häckel, 2008).

Nach heutigen Schätzungen geht man davon aus, dass sich die Uratmosphäre hauptsächlich aus den Elementen Wasserstoff (92 %), Helium (7%), Kohlendioxid (0,03 %), Stickstoff (0,008 %), Sauerstoff (0,006 %) und geringen Mengen von Spurengasen zusammensetzte. Innerhalb von etwa 100 Millionen Jahren führten bedeutende Ereignisse dazu, dass die Uratmosphäre in den Weiten des Weltraums wegdiffundierte (auflöste) (Häckel, 2008).

Denn durch die ständigen Einschläge von kosmischen Himmelskörpern wie *Meteoriten*, so vermutet man, bei denen während des Aufpralls auf der Erde gewaltige Energien freigesetzt werden, heizte sich die Erdoberfläche auf (Keppler, 1988).

Ein weiterer wichtiger Faktor der noch hinzu kommt, ist ein Himmelskörper, der zuerst aus einem dunklem Materiehaufen bestand. Dieser Materiehaufen erhitzte sich durch äußerliche Einschläge (Meteoriten) auf ca. 10 Mio. ° C auf, so dass dort der thermonuklearen Prozess zündete, der ein Vielfaches mehr an Strahlung freisetzte als heute. Wir kennen diesen Himmelskörper heute als Sonne (Keppler, 1988).

Vor circa 4 Mill. Jahren, verringerten sich nun die Einschläge auf dem Planeten, denn die interstellaren Gesteinsbrocken verteilten sich allmählich auf die Himmelskörper. Nun kühlte die fast ausschließlich von Vulkanismus geprägte Erdoberfläche durch Abstrahlung der Wärme langsam ab (Keppler, 1988).

Durch die Abkühlung erfolgte nun die Ausgasung der Lava- und Gesteinsmassen. Eine zweite Atmosphäre entwickelte sich nun heraus und Bestand schätzungsweise zu 80 % Wasserdampf, 10 % Kohlendioxid, 5 - 7 % Schwefelwasserstoff und in geringen Anteilen zu 0,5 % aus Stickstoff, Wasserstoff und Kohlenmonoxid (Häckel, 2008).

Durch die Energie der Sonneneinstrahlung, die bislang ungefiltert auf die Erdoberfläche gelangte, spaltete sich chemisch Wasser zu Wasserstoff und Sauerstoff auf. Besonders wichtig ist hier die extrem kurzwellige *UV-C Strahlung* zu erwähnen (Häckel, 2008).

H_2O + UV Strahlung$\rightarrow$ H + O_2 (*Photolyse*)

Aber auch Spurengase wie Ammoniak und Methan reagierten mit der UV Strahlung und zerlegten sich in Wasserstoff und Stickstoff (Häckel, 2008).

Trotz Abkühlung der Erdoberfläche, herrschten auf der Erde immer noch hohe Temperaturen und ein hoher Druck, der sich durch das Ausgasen des Planten entwickelte. Die Atmosphäre verdichtete sich. Es stellte sich ein extremer Treibhauseffekt ein, wie man ihn heute von der Venus kennt (Keppler, 1988).

Der entscheidende Unterschied dabei ist nur, dass die Erde einen optimaleren Abstand zur Sonne besitzt. Somit ließ der *Treibhauseffekt*, bedingt durch Sonneneinstrahlung und Wärme, nach und der Wasserdampf konnte im Laufe der Zeit durch Abkühlung zu Wasser kondensieren (Keppler, 1988).

Man geht davon aus, dass der Prozess des Kondensierens eine Regenzeit von ca. 40.000 Jahre einleitete, dabei bildete sich der erste Ozean, der *Ur-Ozean* und somit unsere heutige *Hydrosphäre* (TU Darmstadt, 2004).

Dieser Vorgang bereitete den Weg für die Dritte Atmosphäre.

Die Dritte Atmosphäre bildete sich vor ca. 1,5 Mill. Jahren und bestand hauptsächlich aus den Gasen Wasserstoff, Kohlendioxid, Stickstoff und in geringen Mengen aus Sauerstoff. Die kleinen Mengen an Sauerstoff, durch Photolyse oder durch Photosynthese von *Cyanobakterien* produziert, wurden bislang in Form von Oxidation an der Erdoberfläche und im Meerwasser gebunden (Häckel, 2008).

Als sich die Oxidationsprozesse auf der Erde reduzierten, konnte mehr Sauerstoff in die Atmosphäre gelangen, dieser Sauerstoff wurde durch die Einwirkung von UV Strahlung chemisch in Ozon umgewandelt, es verschaffte der Erde die schützende *Ozonschicht* (Keppler, 1988).

Nun konnte sich das Leben auf der Erde weiterentwickeln. Es entstanden weitere Lebensformen wie die *Eukaryonten*, die die Eigenschaft besaßen, aus *Veratmung* (Assimilation und Respiration) Energie zu gewinnen (Häckel, 2008).

Die sogenannte *Biosphäre* breitete sich im Wasser aus und steigerte den Sauerstoffgehalt der Luft innerhalb von 1 Mill. Jahren um das Zehnfache (Häckel, 2008).

Durch die Entstehung von Leben in Form von Vegetation oberhalb und unterhalb des Wassers stieg der Gehalt von Sauerstoff rasch an. Vor etwa 350 Mio. Jahren erreichte die Erdatmosphäre ihre heutige Zusammensetzung der Gase (Häckel, 2008).

3. Allgemeiner Aufbau der Atmosphäre

Die Erdatmosphäre lässt sich in nach ihrer Temperatur in vier Stockwerke (Abb. 1) unterteilen. Die Troposphäre ist die unterste und die Thermosphäre die oberste Schicht. Die Exosphäre geht fließend in den interstellaren Raum, weshalb sie nicht darstellbar ist.

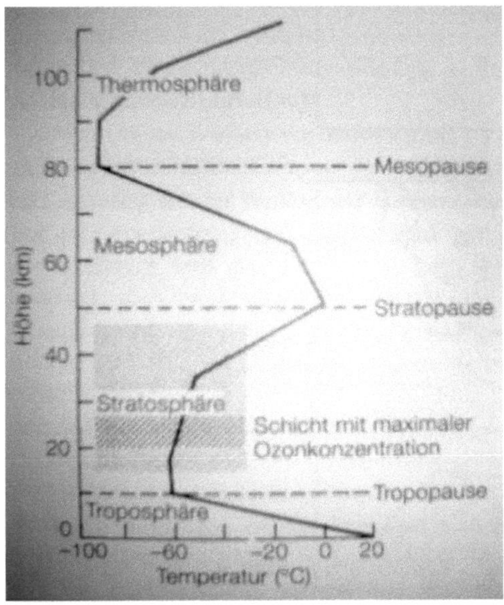

Abb. 1: Aufbau der Atmosphäre in 4 Stockwerke mit Temperaturverlauf (Quelle: Goudie, 2002)

3.1 Troposphäre

Die *Troposphäre* erreicht eine Höhe von 10 km über den Polen und eine Höhe von 16 km in den Tropen. Die Ursache ist die abgeflachte Atmosphäre an den Polen, die bei der Drehung der Erde entsteht (Barth, 2002).

In ihr nimmt die Temperatur vom Boden aus mit zunehmender Höhe ab. Dies lässt sich an einem Ballon an dem ein Thermograph befestigt ist, feststellen. Der Thermograph zeichnet die Temperatur auf und zeigt eine stetige Temperaturabnahme, je höher der Ballon steigt. Der Grund hierfür ist der *geometrische Temperaturgradient.* Er steht für eine mittlere Temperaturabnahme von 6,4 ° C pro 1000 m Höhenzunahme (Strahler & Strahler, 1999).

„Die Gradientkraft entsteht durch Luftdruckunterschiede, die sich ihrerseits aus Temperaturunterschieden ergeben. Warme Luft hat eine geringere Dichte als kalte, weshalb sie aufsteigt und ihr Druck dabei abnimmt. Bei absinkender Luft hingegen nimmt der Druck zu." (Goudie, 2002: 43)

Die Troposphäre lässt sich noch weiter untergliedern. Vom Boden aus bis in eine Höhe von etwa 1,5 km liegt die *atmosphärische Grundschicht.* In ihr treten turbulente Wärme-, Feuchte- und impulsaustausch zwischen der Oberfläche und der Atmosphäre statt (Barth, 2002; Hupfer & Kuttler, 2006).

Darüber findet man die *freie Atmosphäre,* die nicht durch Reibungseinflüsse der Luftbewegung durch die Erdoberfläche unterliegt. Die beiden Schichten werden von der *Peplopause* getrennt (Barth, 2002).

Die Troposphäre wird oberhalb von der *Tropopause* begrenzt, welches das Höhenniveau darstellt. Sie liegt über den Polen niedriger (10 km), als über den Tropen (16 km). Sie markiert den Übergang zur Stratosphäre (Barth, 2002).

Durch jahreszeitliche Änderungen kann die Tropopause über mittleren und höheren Breiten schwanken. So liegt diese z.B. auf der 45° Breite im Januar in 12,5 km Höhe und im Juli in 15 km Höhe (Strahler & Strahler, 1999).

Die Temperatur in der Tropopause nimmt nicht mehr ab, sondern ist konstant. Durch die unterschiedlichen Höhenlagen der Grenzschicht sind die Temperaturen demzufolge auch unterschiedlich (Strahler & Strahler, 1999).

Am Äquator sind die Temperaturen in der Tropopause geringer. Hier muss man wieder den geometrischen Temperaturgradienten berücksichtigen, da er auf dem ganzen Globus gleich ist und die Troposphäre am Äquator dicker ist, als an den Polen (Strahler & Strahler, 1999).

In der Troposphäre findet man 75 % der Luftmasse und fast den gesamten Anteil an *Wasserdampf*. Da Wasserdampf für Wetterprozesse erforderlich ist, nennt man die Troposphäre auch die *Wettersphäre* (Gebhardt et al., 2007).

Der gasförmige Wasserdampf in der Atmosphäre besitzt zudem, wie Kohlendioxid, die Fähigkeit einfallende Wärmestrahlung der Sonne zu absorbieren. Außerdem isoliert sie die Wärmerückstrahlung der Erdoberfläche und verhindert somit Wärmeverlust. Dieses Phänomen wird als *natürlicher* Treibhauseffekt bezeichnet (Strahler & Strahler, 1999).

3.2 Stratosphäre und die Ozonschicht

Die *Stratosphäre* beginnt oberhalb der Tropopause und endet in einer Höhe von 50 km. Die Temperatur nimmt innerhalb der Stratosphäre zu, bis sie einen Wert von 0 ° C erreicht (Goudie, 2002).

In dieser Schicht dominieren Strahlungsprozesse und der Wasserdampf kommt fast nicht mehr oder nur noch in Spuren vor. Aus diesem Grund bilden sich dort wenige Wolken (Flemming, 1991).

Die wenigen Spuren von Wasserdampf können zur Bildung von *Perlmutterwolken* führen. Sie bestehen aus Eisteilchen und treten in einer Höhe von 20 bis 30 km auf (Hupfer & Kuttler, 2006).

Das Höhenniveau zeichnet sich durch die *Stratopause* ab. Sie ist die Trennlinie zwischen Stratosphäre und der darüber liegenden Mesosphäre. Über der Stratopause nimmt die Temperatur wieder ab (Barth, 2002).

Die Temperaturzunahme innerhalb der Stratosphäre lässt sich auf das dort vorkommende *Ozon* (O_3) erklären. Ihre höchste Konzentration findet man in einer Höhe von 15 bis 25 km. Diese Schicht stellt die *Ozonschicht* dar (Flemming, 1991).

Das Ozon ist eine Form des Sauerstoffs. Sie besitzt 3 Atome die zu einem Molekül verbunden sind. Der Sauerstoff besitzt nur zwei Atome. Ozon entsteht wenn Sonnenstrahlen auf gewöhnlichen Sauerstoff einwirken (Strahler & Strahler, 1999).

Es erfolgt nun eine Absorption kurzwelliger (10-38 nm) Strahlung (ultravioletter Strahlung; kurz UV- Strahlung), die in Wärmeenergie umgewandelt wird (Flemming, 1991; Strahler & Strahler, 1999).

Ohne diesen „Schutzschirm" wäre das Leben, wie wir es kennen nicht möglich. Bakterien würden durch die kurzwellige Strahlung zerstört. Das Gleiche gilt ebenso für Pflanzen, Tiere und Menschen. Ohne die Ozonschicht ist die Wahrscheinlichkeit an Hautkrebs zu erkranken deutlich größer (Flemming, 1991; Strahler & Strahler, 1999).

Die Ozonschicht (der Ozon in der Atmosphäre) wird auch abgebaut, was zu negativen Wirkungen auf die Strahlungsbilanz führen kann. Der Abbau erfolgt größtenteils durch synthetisch hergestellte Fluorchlorkohlenwasserstoffe (FCKW) auf die später eingegangen wird (Strahler & Strahler, 1999).

Es existiert eine sehr starke Ozonabnahme über dem Südpolargebiet, das als Ozonloch definiert wird. Durch zirkumpolare Luftwirbel wird ein Austausch der kalten polaren mit den gemäßigten Luftmassen verhindert. Die lange Kälteperiode, mit niedrigen Temperaturen führt zur Bildung polarer stratosphärischer Eiswolken. Diese Eiswolken können durch *Dehydratation* (Abspaltung von Wasser) und *Denitrifikation* (Umwandlung des Nitrats zu Stickstoff), die Ozonvernichtung bewirken (Hupfer & Kuttler, 2006).

3.3. Mesosphäre

Die *Mesosphäre* beginnt oberhalb der Stratopause und verläuft bis in 80 km Höhe über der Erdoberfläche. Innerhalb der Sphäre findet eine Temperaturabnahme von − 75° C bis − 90° C statt. Der Grund hierfür kann das Fehlen von Ozon und anderen absorbierenden Stoffen sein (Hupfer & Kuttler, 2006).

Die obere Grenzschicht heißt *Mesopause*. Über ihr folgt die Thermosphäre (Hupfer & Kuttler, 2006).

Es treten selbst in dieser Höhe vereinzelt Wolken auf. Sie werden *leuchtende Nachtwoken* genannt und treten in den mittleren und höheren Breiten in Höhen von 60 bis 100 km auf (Hupfer & Kuttler, 2006).

Sie treten häufig nach Vulkanausbrüchen auf und bestehen aus Eiskristallen, die sich an Vulkanstaubkerne bilden. Sie werden durch Sonnenstrahlen reflektiert und können nachts am Himmel beobachtet werden (Hupfer & Kuttler, 2006).

3.4 Thermosphäre & Exosphäre

Die *Thermosphäre* und die *Exosphäre* gehören zur *Heterosphäre*, in dieser Höhe findet keine Luftdurchmischung mehr statt. Die Teilchen sind nach ihrer atomaren Masse geschichtet (Gebhardt et al., 2007).

Die Thermosphäre beginnt ab der Mesospause in ca. 80 km über den Meeresspiegel und endet bei ca. 500 km (TU Darmstadt, 2004).

In dieser Schicht sind die Teilchen der Sonnenaktivität und der kosmischen Strahlung vollständig ausgesetzt. Deshalb bleiben nur noch die positiven Elektronen vom Atom übrig. Diesen Vorgang nennt man *Ionisation*. Deshalb spricht man hier von der *Ionosphäre*. Sie ist ein Teil in der Thermosphäre und der Exosphäre, ist aber nicht mit ihr gleichzusetzen (Heise, 2002).

Die Ionosphäre ist auch nochmal unterteilt in unterschiedlichen Schichten, die nach Dichte der Elektronen aufgeteilt sind (Häckel, 2008).

Aufgrund der raschen Geschwindigkeit der Teilchen müsste die Temperatur hier bei theoretisch 1000° C liegen. Da in dieser Höhe so wenig Teilchen (nur Wasserstoff- Sauerstoff und Helium Atome) vorhanden sind, treten die Atome nur geringfügig miteinander in Kontakt. Es wird keine Wärme erzeugt (Heise, 2002).

Der Mensch nutzt die Eigenschaft der Elektronendichte in dieser Schicht für den *Funkverkehr*, weil Radiowellen von der Ionosphäre reflektiert werden und wieder auf die Erdoberfläche treffen (Heise, 2002).

In Kombination mit Sonnenwinden die gelegentlich auf unsere Atmosphäre prallen, haben die *Polarlichter* dort ihren Ursprung (Mitton & Mitton, 2001).

Nachdem die Thermosphäre nach 500 km Höhe endet folgt die Exosphäre, die äußerste Schicht der Atmosphäre. Ihr Ende befindet sich bei ca. 1000 km und markiert den Übergang ins Weltall. In dieser Ebene geht die Ansammlung der Elektronen stetig zurück, da die Anzahl der Teilchen im interstellaren Raum nie den Wert Null erreichen, ist man sich uneinig, wo genau die Exosphäre ihre Grenze hat (TU Darmstadt, 2004).

4. Zusammensetzung der Erdatmosphäre

Die Zusammensetzung (Abb. 2) der Erde scheint optimal zu sein, da sich hier das Leben entwickeln konnte.

Die Atmosphäre setzt sich zusammen aus Stickstoff mit 78 % und Sauerstoff mit 21 % Volumenanteil. Der restliche kleine Anteil nimmt das Argon (Zerfallsprodukt der Erdkruste) und die Spurengase ein (Gebhardt et al., 2007).

Wasserdampf, Kohlendioxid und das Ozon können dabei den Strahlungshaushalt der Erde beeinflussen und sind somit sehr klimarelevant (Latif, 2006).

Zusätzlich findet man kleinste, feste Partikel, die als *Aerosole* bezeichnet werden. Sie schweben dabei als Suspension in der Atmosphäre und ihr Anteil beträgt im Mittel 1,6 ppm (Gebhardt et al., 2007).

Es kann sich hierbei um Staub, rauch, Salzpartikel oder Mikroorganismen handeln. Sie stammen zumeist aus den Trockengebieten (Wüsten), treten bei Eruptionen von Vulkanen mit Aschenfreisetzung auf oder kommen durch anthropogene Aktivitäten ind ei Luft, wie Verkehr oder Heizung (Gebhardt et al., 2007).

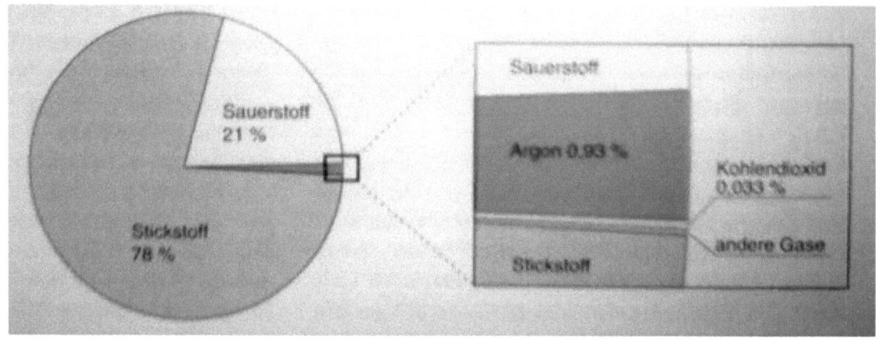

Abb. 2: Chemische Zusammensetzung der Erdatmosphäre (Quelle: Strahler, 1999)

4.1 Stickstoff

Stickstoff (N$_2$) ist mit 78 %, dass häufigste Gas in der Erdatmosphäre. Es ist ein sehr träges Gas, weshalb es kaum Reaktionen mit anderen Stoffen in seiner Umgebung eingeht (Strahler & Strahler, 1999).

Es ist dennoch von großer Bedeutung für das Leben auf der Erde. Stickstoff ist nämlich ein essentieller Bestandteil der *Aminosäuren*. IN den Zellen der Lebewesen bauen sie die Eiweißstoffe auf. Aus diesem Grund ist er als Düngemittel in der Landwirtschaft von Bedeutung, damit wir den Stickstoff mit der Nahrung aufnehmen können (Häckel, 2008).

Der Stickstoff wird aus organischen Verbindungen von denitrifizierenden Bakterien in die Atmosphäre freigesetzt (Gebhardt et al., 2007).

Stickstoff ist zwar chemisch träge, kann jedoch in niederschlagsreichen Gebieten durch die Hitze von Blitzentladungen mit dem Sauerstoff eine Verbindung eingehen. Diese *Stickoxide* werden dann durch Niederschlag ausgewaschen und dem Boden zugeführt. Jährlich sind dies 100 Mio. Tonnen Stickstoff der in den Boden gelangt (Häckel, 2008).

Weiterhin gibt es Bodenbakterien z.B. *Knöllchenbakterien*, die die Fähigkeit besitzen den Stickstoff aus der Luft zu binden. Diese Bakterien leben oft in *Symbiose* (Lebensgemeinschaft) mit Pflanzen, z.B. Hülsenfrüchtler (Ordnung der *Leguminosen*). Der von den Bakterien gebundene Luftstickstoff wird an die Wirtspflanzen weitergegeben und kann schließlich als Dünger in den Boden gelangen (Häckel, 2008).

Durch diesen Prozess werden jährlich 300 bis 400 kg/ha an Stickstoff gewonnen. Man hat erkannt, dass sich die Stickstoffversorgung landwirtschaftlicher Nutzpflanzen verbessert hat, wodurch der Anbau von Wirtspflanzen, wie Erbse, Bohne usw. gefördert wird (Häckel, 2008).

Die Chemiker *F. Haber* und *C. Bosch* haben zu Anfang des 20. Jahrhunderts ein Verfahren entwickelt mit dem aus Wasserstoff und Luftstickstoff *Ammoniak* (NH_3) synthetisch hergestellt werden kann (Häckel, 2008).

Durch das *Haber-Bosch-Verfahren* werden jährlich 160 Mio. Tonnen Ammoniak hergestellt, was zu einer Leistungssteigerung der landwirtschaftlichen Produktion beiträgt (Häckel, 2008).

Mit dem Verfahren stellt die Erdatmosphäre eine unerschöpfliche Quelle für Stickstoff dar. Die Weltbevölkerung wäre ohne diese Erfindung nicht mehr zu ernähren (Häckel, 2008).

4.2 Sauerstoff

Der *Sauerstoff* ist mit 21 % das zweithäufigste Gas in der Erdatmosphäre. Es ist, anders als der Stickstoff, ein chemisch sehr aktives Gas und geht leicht Reaktionen ein (Strahler & Strahler, 1999).

Sauerstoff entsteht bei der Photosynthese durch Pflanzen. Dabei wird Kohlendioxid aufgenommen. Die Photosynthese läuft nur tagsüber statt, da sie Energie in Form von Sonnenstrahlen aufnehmen muss (Gebhardt et al., 2007).

Es gibt unterschiedliche Oxidationsprozesse, die der Sauerstoff einleitet. Man unterscheidet dabei zwischen:

- *Verbrennungsvorgängen*: Natürliche Verbrennungsprozesse, wie Wald- und Steppenbrand; jedoch auch synthetische Prozesse, wie Verbrennung von fossilen Brennstoffen im Automotor, Flugzeugtriebwerk, Raumheizung usw.

- *Stille Oxidation*: Wobei diese Oxidation langsamer abläuft, z.B. Rosten von Eisen und andere Zersetzung mineralischer undorganischer Substanz. Dazu gehört auch die *Atmung* von Pflanzen, Tieren und Menschen. Der Sauerstoff wird zur Umwandlung von Nahrung in Energie benötigt und gilt daher las Lebensgrundlage (Häckel, 2008; Strahler & Strahler, 1999).

4.3 Spurengase

Spurengase sind Gase, die in verschwindend geringen Mengen in der Erdatmosphäre vorkommen, daher wird ihr Wert nicht in Prozent angegeben sondern in ppm (parts per million) oder in ppb (parts per billion), wobei Billion im deutschen übersetzt für Milliarde steht (Häckel, 2008).

Beispiel: 1 ppm = 0,0001 %; 1 % vol = 10000 ppm

Zu ihnen gehören Kohlendioxid, Distickstoffoxid (Lachgas), Methan und halogenierte Kohlenwasserstoffe (FCKWs).

Man bezeichnet diese Spurengase auch als klimarelevante Gase, da sie vermutlich Einfluss auf das irdische Klima haben. Im Folgenden werden die Kernpunkte der Gase Kohlendioxid (CO_2), Methan (CH_4) und FCKWs erläutert (Häckel, 2008).

4.3.1 Kohlendioxid

Kohlendioxid ist ein äußerst wichtiges Gas auf unserer Erde. Es ist daher so bedeutend, weil es den essentiellen Kohlenstoff beinhaltet und zur Verstärkung des Treibhauseffekts beitragen soll.

Kohlenstoffverbindungen sind die Grundlage allen Lebens auf unserer Erde, da es von allen chemischen Elementen die größte Vielfalt an chemischen Verbindungen aufweist. Der prozentuale Anteil in der Atmosphäre beträgt momentan 0,03 % mit steigender Tendenz (Häckel, 2008).

Man unterscheidet zwischen dem natürlichen Kohlendioxid Kreislauf und dem zusätzlich anthropologisch eingebrachten Kohlendioxid. Das Gas wird von der Vegetation und Bakterien für die Photosynthese genutzt, es wird an der Erdoberfläche und im Meerwasser gebunden. Jedoch gelangt die Hälfte der 10^{-9} t des weltweit produzierten Kohlendioxids in die Atmosphäre (Häckel, 2008).

Die überschüssige Menge von 5^{-9} t CO_2, wird durch menschliche Aktivitäten wie Verbrennung von fossilen Brennstoffen (Kohle, Erdöl, Gas) in die Atmosphäre eingebracht und lagert sich dort an (Häckel, 2008).

Kohlendioxid und andere Spurengase haben die Eigenschaft die langwellige Abstrahlung der Erde zu minimieren bzw. zu reflektieren. Es gelangt weniger Wärme aus der Atmosphäre hinaus und kann somit den Treibhauseffekt verstärken (Gebhardt et al.; 2007).

4.3.2 Methan

Die Erdatmosphäre enthält zirka 1,75 ppm *Methan*. Erdgas beispielsweise besteht zu 85 bis 98% aus Methan. Es ist hochentzündlich. Das Gas findet hauptsächlich Verwendung bei Verbrennungsprozessen (Häckel, 2008).

Die natürlichen Vorkommen sind meistens im festen Zustand (gefroren) als Methanhydrat in den Tiefen der Ozeane oder in den *Permafrostböden* in Russland zu finden. Es entsteht unter anderem bei Fäulnisprozessen, bei denen das organische Material unter Luftabschluss verfault (anaerobe Verhältnisse). Diesen Prozess kann man bei Sümpfen beobachten (Pfeifer & Reichelt 2003).

Der Hauptanteil, des in die Luft emittierten Methans, stammt aus unnatürlichen Quellen, das heißt durch die globale Haltung von Tieren (vor allem Rinder) und dem Reisanbau. Man vermutet das Methan den Treibhauseffekt verstärkt (Häckel, 2008).

4.3.3 Fluorchlorkohlenwasserstoffe (FCKWs)

FCKWs kommen auf der Erde in keiner natürlichen Beschaffenheit vor, es stammt zu 100 % aus anthropogener Herstellung (Häckel, 2008).

In der Industrie schätzt man dieses künstlich hergestellte Gas, weil es sich unter günstigen Voraussetzungen leicht verflüssigen lässt. Es findet Verwendung als Treibmittel in Sprühdosen oder ehemals als Kühlmittel in Kühl- und Gefrierschränken (Katalyse. Institut für angewandte Umweltforschung Köln, 2001).

FCKWs sind träge Gase, haben daher auch eine lange Verweilzeit. Sie steigen ohne einen Reaktionspartner zu finden in der Atmosphäre hinauf bis zur Stratosphäre. Dort reagieren sie in einem komplizierten Prozess mit dem Ozon und zerlegen es in die Bestandteile. Die chemische Stabilität von *Fluorchlorkohlenwasserstoffen* wirkt sich destruktiv auf die Ozonschicht aus. Wenige FCKW Moleküle können zehntausende Ozon Moleküle zerstören (Häckel, 2008).

4.4 Edelgase

Die *Edelgase* sind chemisch inaktiv, sie kommen daher atomar statt molekular vor. Sie gehen auf natürlichem Wege keine Verbindungen mit anderen chemischen Elementen ein.

Zu den bekanntesten und für uns wichtigsten Edelgasen zählen Argon, Neon, Helium und Xenon (siehe Grafik unten). Edelgase sind in sehr geringen Konzentrationen in unserer Atmosphäre vorhanden (Häckel, 2008).

Ihre Präsenz in der Atmosphäre ist:

Argon   0,934 Vol.%
Neon   18,18 ppm = (0,0018 Vol.%)
Helium   5,24 ppm
Krypton   1,14 ppm
Xenon   0,09 ppm
(Gebhardt et al., 2007)

Wie schon erwähnt sind Edelgase träge und keine reaktionsfreudigen Gase. Sie haben keine große Bedeutung für unser Klima. Sie finden jedoch Verwendung in der Industrie zum Beispiel als Leuchtstoffe (Abb. 3) für Reklamewerbung (Neon), in der Autoindustrie für Autoscheinwerfer (Xenon), für die Füllung von Zeppelinen (Helium) und als Schutzgas beim Schweißen (Argon) (TU Darmstadt, 2004).

Helium ist das leichteste der Edelgase auf der Erde und diffundiert ständig aus unserer Atmosphäre hinaus. Sie wird aber von der Sonne, in Form von Sonnenwinden, wieder nachgeliefert. Die Edelgase Argon, Neon, Krypton und Xenon sind in ihrer Masse schwere Edelgase und sind daher vermutlich auch auf unserem Planeten verblieben (TU Darmstadt, 2004).

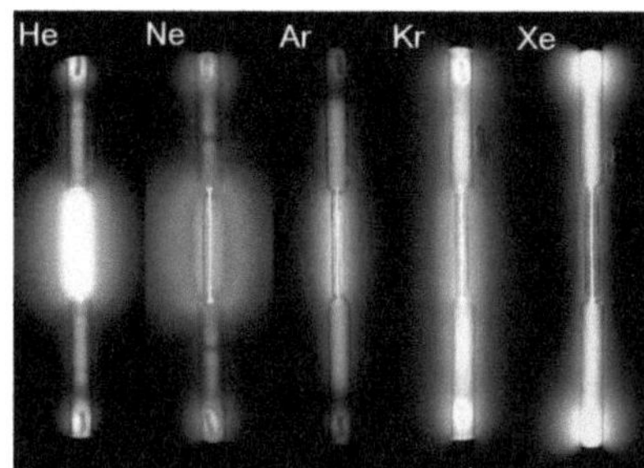

Abb. 3 Leuchtfarben der Edelgase (Quelle:
http://upload.wikimedia.org/wikipedia/de/d/d3/Edelgase_in_Entladungsroehren.jpg)

5. Zusammenfassung und Ausblick

Die Erdatmosphäre und das Klima der Erde veränderten sich seit der Entstehung der Erde vor zirka 4,6 Milliarden Jahren fortlaufend in langwierigen und komplexen Prozessen. Seit Mitte des 20. Jahrhunderts konnte sich der Mensch aufgrund des wissenschaftlichen Fortschritts intensiver mit der Erforschung der Erdatmosphäre und dem Klima auseinandersetzen (Bundesdrucksache, 2005).

Seit den 80er Jahren des 20. Jahrhunderts propagieren Klimaforscher eine Klimaveränderung bzw. eine Klimaerwärmung durch das Emittieren von Treibhausgasen wie zum Beispiel Kohlendioxid in die Atmosphäre, die den natürlichen Treibhauseffekt verstärken sollen (Bundesdrucksache, 2005).

Das Thema wurde politisiert, die Regierung in Deutschland führte in den 90er Jahren unter anderem die Ökosteuer ein, welche den Leitgedanken vertritt, umweltschädliches Verhalten zu unterbinden (Bundesdrucksache, 2005).

Die Ökosteuer besteuert unter anderem Kraftstoffe wie Benzin, Diesel oder Kerosin um den Verbrauch durch die Gesellschaft und Wirtschaft effizienter zu gestalten (Bundesdrucksache, 2005).

Im Jahre 2004 wurden durch die Ökosteuer in Deutschland 18,1 Mrd. Euro eingenommen und 16,0 Mrd. Euro flossen davon in die Rentenkassen, lediglich 0,1 Mrd. Euro wurden 2004 zur Förderung von erneuerbaren Energien verwendet (Bundesdrucksache, 2005).

Man sollte doch annehmen, dass etwas, das von der Politik als Ökosteuer bezeichnet wird, deren Einnahmen auch für ökologische Zwecke verwendet werden sollten. Daraus lässt sich schließen, dass es der Politik in diesem Fall nicht unbedingt primär um den Umweltschutz gehen kann.

Die Ökosteuer diente als kleines Paradebeispiel für die Vielzahl der neuen Gesetze und Regelungen betreffend den Umweltschutz die seit Beginn des Interesses seitens der Politik und Wirtschaft an der Ökologie und dem Klima besteht.

Warum sich unser Klima verändert und welche Einflüsse dazu ausschlaggebend sind, ist mit der krampfhaften Verminderung des Ausstoßes von Treibhausgasen nicht beantwortet, zumal sich diverse Klimaforscher behaupten, aufgrund von Temperaturmessungen von zirka 100 Jahren, zukünftige Klimakatastrophen anhand von Computermodellen zu prognostizieren (Böttiger, 2008).

"Die Reduktion der CO_2 Emissionen nach dem Kyoto Protokoll würden, wenn sie eingehalten werden, selbst nach der vom Klimarat (IPCC) vertretenen Hypothese die Erderwärmung allenfalls um 0,004482801 °C – also praktisch nicht – verringern"(Böttiger, 2008).

Das Klima ist ein chaotisches System, die Forschung steckt wohlmöglich noch in den Anfängen und es bedarf deshalb noch langer und intensiver Arbeit um dieses schwierige System zu verstehen.

„Die Bedrohung durch die globale Erwärmung muss eingeführt werden, selbst wenn die wissenschaftlichen Beweise für die Erhöhung des Treibhauseffekts fehlen"
- Richard Benedick, Staatssekretär im US-Außenministerium - (Böttiger, 2008).

Abbildungen

Abb. 1: Aufbau der Atmosphäre in 4 Stockwerke mit Temperaturverlauf. (Quelle: Goudie, A. (2002): Physische Geographie. Eine Einführung. Berlin, Spektrum.), S. 7

Abb. 2: Chemische Zusammensetzung der Erdatmosphäre. (Quelle: Strahler, A. H. & A. N. Strahler (1999): Physische Geographie. Stuttgart, UTB.), S. 14

Abb. 3: Leuchtfarben der Edelgase. (Quelle: URL: http://de.wikipedia.org/wiki/Edelgase. In: Wikipedia, Die freie Enzyklopädie. Bearbeitungsstand: 06. Oktober 2006, 13:00 UTC. URL: http://de.wikipedia.org/w/index.php?title=Datei:Edelgase_in_Entladungsroehren.jpg&filetime stamp=20080715222644, (Abgerufen: 02. Januar 2009, 11:26 UTC)) , S. 20

Literatur

Barth, H.- J. (2002): Klima. Eine Einführung in die Dynamik der Atmosphäre. Paderborn, University Press.

Böttiger, H. (2008): Klimawandel. Petersberg, Imhof.

Bundesamt für Meteorologie und Klimatologie Meteo Schweiz (2007): URL:http://www.meteoschweiz.admin.ch/web/de/forschung/wissenswertes/Rekorde/wetterre korde_weltweit.html(Abgerufen: 10. Januar 2009, 22:08 UTC).

Deutscher Bundestag (2005): URL: http://dip21.bundestag.de/dip21/btd/15/052/1505212.pdf, (Abgerufen: 20. Februar 2009, 22:00 UTC).

Endlicher, W. (2007): Zusammensetzung und Aufbau der Atmosphäre. In: Gebhardt, H., R. Glaser, U. Radtke & P. Reuber (Hrsg.): Geographie. Physische Geographie und Humangeographie. Berlin/Heidelberg, Spektrum, 194 ff.

Flemming, G. (1991): Einführung in die Angewandte Meteorologie. Berlin, Akademie – Verlag.

Goudie, A. (2002): Physische Geographie. Eine Einführung. Berlin, Spektrum.

Häckel, H. (2008): Meteorologie. Stuttgart, UTB.

Heise, S. (2002): FU Berlin.
URL: http://www.diss.fu-
berlin.de/diss/servlets/MCRFileNodeServlet/FUDISS_derivate_000000000584/02_kap2.pdf?
hosts= (Abgerufen: 10. Januar 2009, 21:00 UTC).

Katalyse. Institut für angewandte Umweltforschung Köln (2001):
URL:http://www.umweltlexikon-
online.de/fp/archiv/RUBwerkstoffmaterialsubstanz/FCKW.php, (Abgerufen: 01. Februar
2009, 16.15 UTC).

Keppler, E. (1988): Die Luft in der wir leben. München, Piper.

Latif, M. (2006): Klima. Frankfurt am Main, Fischer.

Mitton, J. & S. Mitton (2001): Astronomie. Weinheim, Beltz & Gelberg..

Pfeifer, P., R. Reichelt (2003): H_2O & Co. Organische Chemie. München, Oldenbourg R.

Strahler, A. H., A. N. Strahler (1999): Physische Geographie. Stuttgart, UTB.

Stratosphäre. Die mittlere und obere Atmosphäre. In: Hupfer, P., W. Kuttler (Hrsg.):
Witterung und Klima. Eine Einführung in die Meteorologie und Klimatologie. Wiesbaden,
Teubner, 17 ff.

TU Darmstadt (2004):
URL: http://www.meteor.tu-darmstadt.de/umet/script/Kapitel1/kap01.html#%C3%BCber1-2,
(Abgerufen: 17. Dezember 2008, 22:08 UTC).